在海豚的呼吸孔旁边有一个发声器官。声音首先聚集到一个被称为额隆的部位，然后再发射出去。发射出去的声波在接触到鱼类等目标后再反射回来，重新被额隆接收，这样一来海豚就能够感知周围的情况了。

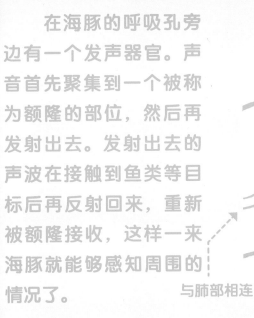

呼吸孔
额隆
发出的声波
返回的声波
发声器官
与肺部相连

嗯嗯，前方5米处好像有一条鱼！

在水中也能看得清清楚楚。

呼——吸
闭合

海豚头顶的气孔可以自由开闭。

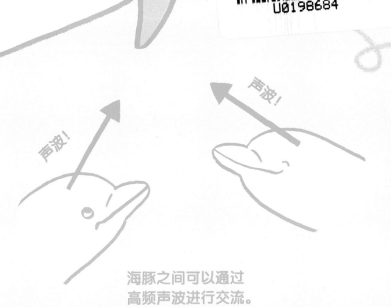

声波！
声波！

海豚之间可以通过高频声波进行交流。

海豚有两个胸鳍，可以用来控制方向和减速。

动物园里的大明星 海豚

（日）池田菜津美 著
（日）松桥利光 摄
朱悦玮 译

辽宁科学技术出版社
·沈阳·

人见人爱的游泳健将！

人见人爱的海豚！

一起跃出水面！

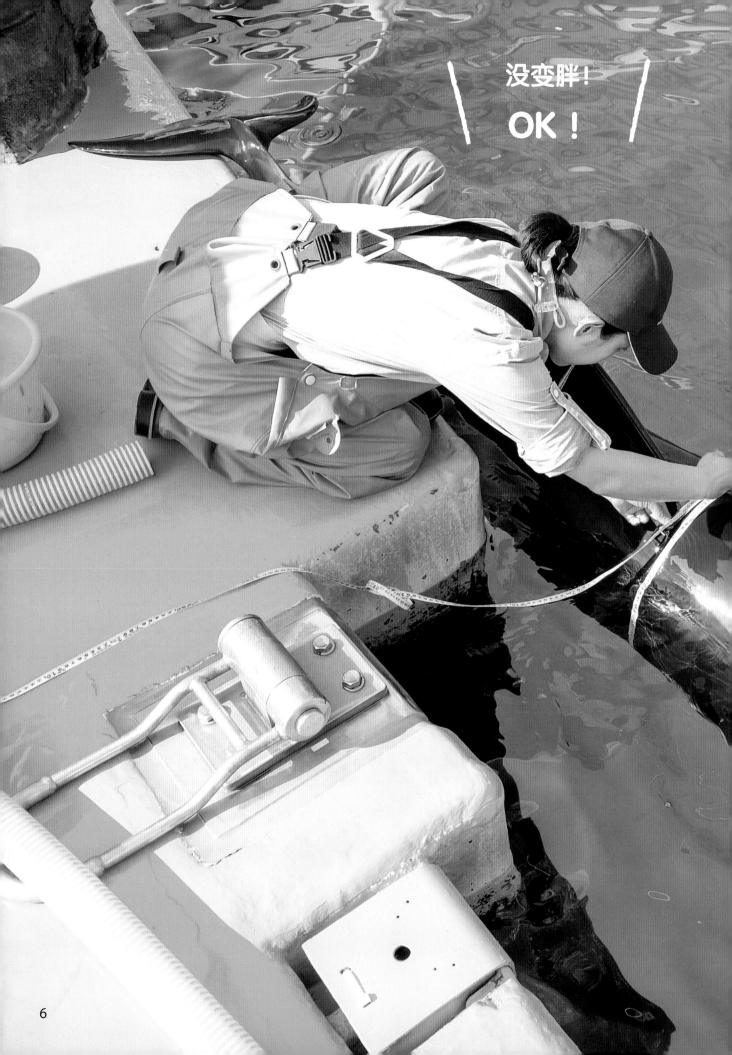

没变胖！
OK！

6

饲养员在干什么呢？

海豚身体的秘密在第22页！

保证海豚的健康非常重要！

好可爱！
小海豚在游泳呢！

关于海豚的亲子故事在第24页！

初次见面！

对鲸鱼的介绍在第 26 页！

我是白鲸！最喜欢玩球。

帅气的大块头！
还有虎鲸哦！

来吧！

让我们一起来 了解 海豚的秘密！

海豚可是水族馆里的大明星。它们身上有许多只有饲养员才知道的秘密，比如"为什么海豚能跳那么高？""海豚是怎么记住表演动作的？""海豚最喜欢玩什么游戏？""海豚宝宝出生时是什么样的？"……读完这本书，或许你也会变成对海豚非常了解的海豚博士呢！而且，你一定会迫不及待地想去水族馆亲眼看一看海豚呢！

跳起来！

首先，
我们要知道海豚究竟是什么样的动物。

宽吻海豚（鲸目海豚科）

- 栖息地：全世界的温暖海域
- 身长：3 米左右
- 体重：300 千克左右

　　不同栖息地的海豚，身体的大小和颜色也各不相同。生活在日本海域附近的宽吻海豚身长大约 3 米，体表呈灰色。海豚是群居动物，它们一起捕食和养育孩子。因此，海豚相互之间可以通过发出声波、触碰身体来打招呼和交流。

用来呼吸的气孔

尖锐的牙齿

宽吻海豚有许多尖锐的牙齿，在吃鱼的时候非常方便。

巨大的尾鳍

海豚通过摆动尾鳍来游泳。

海豚表演的秘密：
饲养员与海豚之间
默契的配合！

海豚表演时，除了跳跃，还会表演用胸鳍和饲养员握手，以及摆动尾鳍等许多节目。饲养员通过手臂的动作给海豚下达命令，告诉海豚应该进行哪项表演。

海豚表演开始了！

大家好！

初次见面！我们是太平洋短吻海豚！

转呼啦圈

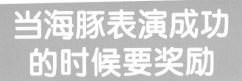

当海豚表演成功的时候要奖励

当海豚表演成功的时候，饲养员会通过吹哨告诉海豚"刚才表演得非常好"，然后立刻给海豚食物，让海豚知道"表演成功就会得到奖励"。

跳起！

吹哨！
（刚才跳得很好！）

如果海豚跳得好，饲养员就吹一声哨子。

表演得很好！

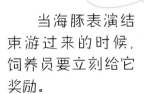

奖励的鱼肉

我表演得不错吧！

当海豚表演结束游过来的时候，饲养员要立刻给它奖励。

召唤水中的海豚

将摇铃放入水中并使其发出声音，告诉海豚"快点儿回来"。

快回来呀！

用左边的哨子告诉海豚"表演得很好"，用右边的摇铃在水中发出声音，告诉海豚回到饲养员身边。

用胸鳍拍手。

从水面高高跃起！

咬住飞盘！

"神龙"摆尾！

海豚是个游泳健将，在水中可以通过摆动尾鳍快速前进。海豚游泳的速度能够达到50千米每小时，从水面上跃起时的速度甚至要更快。

顶球！

海豚怎样练习跳跃？

饲养员用一个目标道具来训练海豚跳跃。首先饲养员用目标道具碰一碰海豚的嘴巴，然后逐渐抬高道具，让海豚跳起来碰触目标道具，通过重复这一过程让海豚记住跳跃的技巧。

还可以倒退哦！

接下来，最精彩的表演要开始啦……

准备！

饲养员之间的配合也很重要！

在海豚表演的时候，有一位饲养员在高处观察海豚表演的整体情况。当许多海豚一起跳跃的时候，就由这位饲养员来下达命令。

目标道具

我跳！

跳得再高一点儿呀！

跳跃的时间不统一啊……

当跳跃的时间不统一，或者海豚不按照命令行动的时候，饲养员就会将这些内容记录下来。在海豚表演结束之后大家一起讨论如何来改正这些缺点。

图中那个顶部带有一个蓝色球体的棍子就是目标道具。其他的球、飞盘以及圆环都是表演时要用到的道具。

大家一起跳！

欢迎大家再来欣赏！
再见啦！！

表演之外的时间
就是游戏时间!

海豚非常喜欢玩游戏。它们总是在水池里互相追逐嬉戏，有时会倒转过来游泳，有时会去追逐自己喷出来的气泡。这些在饲养员看来非常不可思议的举动，其实对海豚来说都是非常有趣的游戏呢!

一起来玩儿吧?

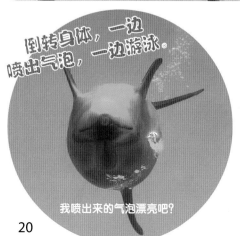

倒转身体，一边
喷出气泡，一边游泳。

我喷出来的气泡漂亮吧?

再多玩儿一会吧!

大家一起
摆出同
的姿势

唰

① 倒转过来游泳，同时喷出气泡。

唰

转身

开始了

!!

② 迅速转身。

来吧! ♪

啊!

哎呀，没赶上! 破裂

真好玩儿 破裂

③ 追上刚才喷出来的气泡并把它打破。

那是什么?

正在清扫水池的工作人员

把垃圾捡回来!

让海豚去捡垃圾。

是那个吧? 明白!

海豚喜欢追逐自己喷出来的气泡。这是海豚自己发明的游戏，由此可见，它们是非常聪明的动物。因为不管什么东西海豚都会拿来玩游戏，所以为了不让海豚拿漂浮在水池里的垃圾玩耍，饲养员会让海豚将垃圾都捡回来。

21

海豚身体的秘密：
健康检查非常重要！

嗯，一切正常！

怎么样？

饲养员每天都要给海豚检查身体。称体重、量腰围、让海豚张开嘴巴检查里面是否有问题。像图中这样给海豚量腰围，就能大致推算海豚的体重。

检查身体的每一处！

张大嘴巴。

摸一摸身体有没有受伤。

让海豚张开嘴巴检查里面的颜色是否正常，牙齿是否洁白。摸一摸海豚的身体看看皮肤是否光滑，有没有受伤。

尾鳍也要检查！

海豚知识问答 ♪

怎样给海豚量体温？

1 将体温计放在海豚的嘴巴里。 **2** 将体温计放在海豚的肛门里。 **3** 将体温计放在腋下。

张嘴

嗯嗯嗯……

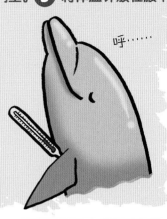

呼……

答案：②

海豚的肛门位于身体的下面，尾鳍的旁边。饲养员会将体温计放进海豚的肛门里量体温。

正在量体温

海豚的体温计就像一根又细又长的管子，在量体温的时候需要往肛门里塞进30厘米左右。

海豚的体温计

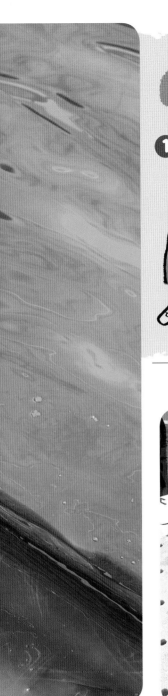

还要量体重！

白色部分就是体重计。

引导海豚来到位于岸边的体重计上。如果海豚的体重增加太多，就要减少食物量，如果体重减少了，就要增加食物量，同时检查海豚是不是哪里不舒服。

今天很精神！

为大家介绍海豚母子！
小海豚总是和妈妈在一起！

海豚姐姐

海豚出生之后马上就会跟在妈妈身边游泳。小海豚身边的姐姐在海豚妈妈吃食物或者训练的时候，就会代替妈妈带着小海豚游泳。

海豚妈妈

刚出生一个月的小海豚

在妈妈身边好有安全感啊！

倒过来游泳。

海豚哺乳的秘密

快点儿长大吧！

小海豚正在吃奶

海豚也是哺乳动物，海豚宝宝靠吃妈妈的奶为生。但是因为海豚的嘴巴尖尖的没办法像其他哺乳动物那样将乳头含在嘴里，所以海豚宝宝是将舌头卷起来吃奶的。虽然一边游泳一边吃奶吃不到多少，但海豚妈妈的奶水含有丰富的营养，所以不必担心小海豚营养不良。

24

一下子就生出来啦!

可喜可贺!

紧张......

感觉快生了!

紧张......

握紧......

①

加油啊! 加油啊!

嗯, 加油!

几小时后......

②

③

哇, 快拿相机过来!

啊! 出生了!

喂, 出生了哟!

④

一瞬间

拍下来了......

哎? 已经生出来了?

松了口气

气喘呼呼

　　得知海豚妈妈怀孕之后, 整个水族馆都变得热闹起来, 在经过几个月繁忙的准备和护理工作后, 饲养员在每天惯例的身体检查时发现海豚妈妈的体温降低了, 这是要生产的前兆! 海豚即将生产的消息顿时会吸引来大批的媒体, 但海豚的生产过程非常迅速, 可以说是一眨眼的工夫小海豚就生出来了。虽然有的媒体可能没有及时地拍摄到想要的画面, 但海豚母子都身体健康就是最好的结果。小海豚出生一个月后就能和妈妈一起跃出水面了, 成长速度之快非常令人惊讶!

和妈妈一起跳起来!

在海豚妈妈生出小海豚之后, 饲养员要昼夜连续记录海豚母子的状态。

为大家介绍海豚的同类！
黑白花纹的虎鲸！

虎鲸（鲸目海豚科）

● 栖息地：全世界的海域，特
别是寒冷海域
● 身长：5~8米
● 体重：2~7吨（1吨＝1000千克）

雄性虎鲸的体型非常庞大，是雌性虎鲸体型的1.5倍。

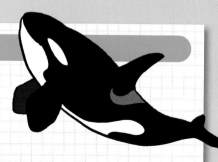

你好！我是宽吻海豚哦！

老实点儿，
不要欺负虎鲸啦！

用庞大的身躯做出精彩的表演动作！

神奇的跳跃！

很大吧？

扑咚！

做得很好！

怎么样？

虎鲸是海豚的同类，虎鲸也非常聪明，能够记住很多表演动作。与宽吻海豚相比，虎鲸的体型更加庞大，雄性虎鲸一天要吃掉100千克的食物。

虎鲸也很喜欢玩游戏

一起来玩球吧！

虎鲸刚来到这个水族馆的时候，宽吻海豚经常在虎鲸面前高高跃起或者突然出现吓唬它，似乎是想要告诉虎鲸自己是先来的。如果饲养员不及时阻止，虎鲸可是会生气的哦！

哎呀！这是谁呀？

可爱的白鲸！

这个长着圆溜溜脸蛋的白色家伙就是白鲸。白鲸非常聪明，而且很灵活，擅长用各种道具进行表演。

用道具进行
精彩的表演！

白鲸（鲸目—角鲸科）

● 栖息地：北冰洋等寒冷海域

● 身长：3~4.5米

● 体重：1000~1500千克

幼年白鲸的身体是灰色的，随着年龄的增长，身体的颜色会逐渐变淡最后变成纯白色。白鲸能够发出很多种优美的声音，因此又被称为"海中的金丝雀"。

套圈！

做得很好！

顶球！

喷水！

白鲸嘴部周围的肌肉非常发达，能够做出收缩口腔的动作。白鲸可以将水吸进嘴里然后猛地吐出来，还会吐气泡。

我会吐气泡哦！

像人类会吹泡泡糖一样。

做得非常棒！

白鲸很喜欢饲养员抚摸自己。在白鲸表演成功之后，饲养员除了要给它食物奖励，还要好好地抚摸它的身体表示奖励。

张开嘴巴。

白鲸特别喜欢别人抚摸它的口腔。

好宝宝、好宝宝！

饲养员的日常工作：

海豚与饲养员的一天

9 点半

对水池里的水进行检查。

检查水池里水的水质和水温。

8 点半

还要再加多少？

准备食物。主要有鲐鱼、多线鱼、鲱鱼、公鱼等。将每条鱼切成7~8块。每只海豚每天要吃3千克左右的食物，饲养员需要给10只海豚准备食物。

将鱼肉切成小块，去除内脏。

决定每天给每只海豚多少食物。

食物分配表。

在最上面铺一层冰块。

铺上一层冰块降温，防止鱼肉变质。

好吃！♥

8 点　上班

　　　开会

　　　准备食物

9 点　检查水质与水温

　　　检查水池

10 点　检查海豚的身体是否健康

11 点　表演

12 点　午休

11点

与海豚一起表演。在表演之前，饲养员还要开会确定表演内容以及如何表演。

14点

金属探测器

装鱼肉的纸袋

水族馆在大量购买鱼肉之后，都要用金属探测器检查鱼肉里是否混有鱼钩等金属物体。

清扫水池。

在池壁和隔板的中间倒入去除苔藓的药物。

18点

在闭馆前，有时候饲养员还要和海豚练习一下表演内容。

14点

清扫水池

用金属探测器检查鱼肉

表演

单口采购

准备表演

17点

检查水池
开会
记录海豚的数据

18点

闭馆后，饲养员要在水池边竖起栅栏，防止海豚跳出来。

在水池边竖起栅栏

晚安！

31

嗨！来水族馆看看海豚吧！

给本书提供帮助的水族馆

 日本名古屋港水族馆

日本名古屋港水族馆由1992年开业的南馆与2001年开业的北馆组成。2014年末"珊瑚礁之海"盛大开幕。南馆的展示主题为"南极之旅"，将从名古屋港出发一直到南极的沿途海域分为"日本海""深海画廊""赤道海域""澳大利亚沿岸""南极海"5个部分进行展示。北馆的展示主题为"35亿年的遥远旅途——再次回到海中的动物们"，主要介绍鲸鱼的世界。在这里游客不但能够见到宽吻海豚和太平洋短吻海豚，还能看到虎鲸与白鲸的生活环境以及训练情况。

松桥利光

1969年出生于日本神奈川县。在水族馆工作了一段时间之后辞职，成为一名自由摄影师。主要作品有《饲养员带你逛动物园》系列与《动物园里的大明星》系列。

池田菜津美

1984年出生于日本埼玉县。主要从事与登山和生物相关的创作工作。主要作品有《饲养员带你逛动物园》系列与《动物园里的大明星》系列。

IRUKA NO HIMITSU
©TOSHIMITSU MATSUHASHI / NATSUMI IKEDA 2014
Originally published in Japan in 2014 by Shin'nihon Shuppansha Co., Ltd
Chinese (Simplified Character only) translation rights arranged with
Shin'nihon Shuppansha Co., Ltd through TOHAN CORPORATION, TOKYO.

©2022 辽宁科学技术出版社
著作权合同登记号：第06-2019-09号。

图书在版编目（CIP）数据

动物园里的大明星. 海豚 / (日) 池田菜津美著；(日) 松桥利光摄；朱悦玮译.—沈阳：辽宁科学技术出版社, 2022.7
ISBN 978-7-5591-2360-2

Ⅰ. ①动… Ⅱ. ①池… ②松… ③朱… Ⅲ. ①动物 - 儿童读物②海豚 - 儿童读物 Ⅳ. ①Q95-49

中国版本图书馆CIP数据核字(2021)第258655号

出版发行：辽宁科学技术出版社
　　　　　（地址：沈阳市和平区十一纬路25号　邮编：110003）
印 刷 者：凸版艺彩（东莞）印刷有限公司
经 销 者：各地新华书店
幅面尺寸：210mm×280mm
印　　张：2.5
字　　数：80千字
出版时间：2022年7月第1版
印刷时间：2022年7月第1次印刷
责任编辑：姜　璐　马　航
封面设计：许琳娜
版式设计：许琳娜
责任校对：闻　洋

书　　号：ISBN 978-7-5591-2360-2
定　　价：45.00元

投稿热线：024-23284062
邮购热线：024-23284502
电子邮箱：1187962917@qq.com